いくえみ綾&くるねこ大和の ねこあるある

もくじ

〈本書の楽しみ方〉

猫飼い歴30年以上の漫画家二人が交互に、独断と偏見でかるた風に描いた「ねこあるある」。あるある？　いや、ないない？　そこも含めてお楽しみ下さい。「ん」の札はおまけで二枚あります。

●黄色の枠のイラスト：**くるねこ大和** 

●緑色の枠のイラスト：**いくえみ綾** 

いくえみさん家《ち》

【呼び名の説明】

文中に名前が出てきたら顔が思い浮かぶように、以下に写真を載せました。黒い小さい文字は、通称です。名前の色が茶色の猫は今はお空の上に行ってしまった子たちです。

ブン（8歳／♂）
ブンたん、ブンてん、ぶちょお

きなこ（13歳／♀）
ちなこ、きなの

ロン（4歳／♀）
ルっちゃん、ルルル、ルミコ

コカブ（3歳／♂）
コチャブ、コチャコチャ

ヒゲちゃん（5歳／♂）
クロちゃん、黒ひげ

キヨ
（永遠の16歳／♂）

カブ
（永遠の6歳／♂）

チョビ
（永遠の16歳／♂）

くるさん家《ち》

ポ子（16歳／♀）
ポっちゃん

カラスぼん（14歳／♂）
阿仁ィ、アニキ

トメ吉（12歳／♀）
トメ、トメちゃん

胡坊（8歳／♂）
胡ぼん

胡てつ（3歳／♂）
胡て君

トム（9歳／♂）
トム氏

百助・ジョン・マル胡ビッチ（1歳／♂）
マル、マル胡

胡ゆっき・ジョー・アポロビッチ（1歳／♂）
胡ゆ

美輪のもんさん
（永遠の17歳／♀）

い
棒注意

い

いぬは歩くが
ねこは歩かん

くるねこ

【解説】人に乗ってくる「おんぶ猫」のこと。

うちの胡ぼんは、自分で歩きたくない場所（階段など）では、私を移動手段に使おうと飛び乗ってきます。

可愛いじゃないですか。私、今まで肩に乗られたことがないからちょっと羨ましい。

でもびっくりしますよ!?　肩にドン!!って衝撃が来るから。落ちないように爪もしっかり食い込ませてくるので、自分では取れなくて、夫にはがしてもらってます（笑）。

ろ
せっかくもてちてやったのに…

ろ

ろうかで
カショカショ
午前四時

いくえみ

【解説】人が寝ているときの「遊んで」攻撃。

ブンは子供の頃、よく、朝から音を立てておもちゃを持ってきました。もう８歳なので落ち着いてきたのか、あまり来なくなりましたが。

子供ならではの「あるある」ですね。

今も来てくれていいのに！　表情が面白いんですよ。おもちゃを口で持ち上げてるから顔は上向き、でも視線は下向きで、妖怪みたい（笑）。さらにくわえたまま鳴くので、声も「はァアァン？」ってくぐもったものに……。

は
トラちゃんよ…
オラ 昨日も 来たっぺよ?
胡乱な 奴!!

はじめまして どちらさま？

【解説】人のことを忘れてしまう様子。

昔は、実家に一泊して帰ってくると「……誰!?」みたいな顔をされました。今ももしかすると、こっそり違う人と入れ替わっててもわからないんじゃないかなぁ。

私も海外旅行から帰ってきたとき、きなこに「わーっ」って逃げられました。我が家で当時きなこが懐いてた人間は私だけだったから、どんな感動的な再会になるかと想像してたら全然違った！

猫の脳みそは、言わば「一日一粒使いきり」ですよね（笑）。特に、保護した猫は朝が来ると「誰？」っていう態度に戻っちゃう。え～、昨日さ～、あれだけ仲良くしたじゃ～ん！ってこちらは思うけど「知らん人」扱い。

に
君がもし
ケンカをするならば
これ
このように
肉球ぜんぶ
見せちまえば勝ち!の
ブンてんルール、摩訶不思議!

に

にくきゅうや
鳴呼《ああ》
にくきゅうや
にくきゅうや

いくえみ

【解説】特に意味はないが肉球は素晴らしい。

ブンはケンカをすると、なぜかひっくり返って、肉球を全部見せるんですよ。しかもまだやる気満々なんです。だから、えっ？何なの？　見せた者勝ちなの？って不思議に思います。

うちも胡ゆっきがそう！　人間から見たら明らかに降参ポーズでしょ？　なのに、そこから反撃するんです。卑怯者なんですよ。

ブンは卑怯者だったのか（笑）！

ほ

ほふく前進 丸見えです

【解説】本人は完璧に隠れていると思っている。

鼻の位置くらいまで隠れてれば、見えてないと思ってるんですよねぇ～。

あと、ゆっくり動けば見えてないと思ってますよね。

丸見えなんですけどね！

へ
もしかして
かわいく
寝てるつもり
だったら
どうしよう…
このあたりとか

ヘ

ヘン顔も
プリチー
わが子よ
世界一

いくえみ

【解説】逆の意味で「奇跡の一枚」が撮れることがある。

この顔の写真を見たとき、びっくりしましたよ！　単純に「あっ、ブンてん寝てる～☆　ウフフ」って思ってカシャっと撮っただけなんですよ？　なのに、後で見て「何だコレ！」って。

でもそういう写真っていいですよね。うちも胡ぼんが明らかにカメラマンにびびってる写真がある。もうね、顔の中心が「闇」になってるの。添えられた「可愛い胡ぼん君」という文と正反対の表情は、夫も大好きです。

と

と

突然ヒャッハー
何ごとぞ

くるねこ

【解説】いきなりすごい勢いで走り出すさま。

何ごとかというと、基本、ウン○ハイかな。

うちの子は全員、ウン○ハイがないですよ!?

でも猫医者によれば、ウン○が出たくらいでハイになるのは、危機管理能力ゼロなんだそうですよ。感情のほとばしりを見せてしまうのは、動物としてあってはならないことだとか……。(以下、ウン○を連呼する二人)

ち
拒

注射《ちっくん》するなら行きまてん

いくえみ

【解説】なぜか病院に行くことを悟るさま。

どうしてわかっちゃうんでしょうね？　まだ私がダウンを着たわけでも、キャリーを持ったわけでもないのに。目が合って近付いただけで、キュッと固まって、ササっと逃げるんです。そうなると二度と捕まえられない。

うちも朝からわかってますね。特にうちは週一回行ってるから「もうそろそろだな」と察して、朝からブルーになってます。

うちは年一回なんだから、そんなに嫌がらなくてもよさそうなものなのに。仕方なく、鼻歌を歌って目も合わさずに近付いてパッと捕まえます（笑）。帰ってきてからは、すごい目で私を振り返って睨みます……。

り
ばりばり
ダメージ加工
ばり
猫魔
障子
びりびりー
手打ちうどん
（乾麺）

り

リメイクでステキに変身衣食住

くるねこ

【解説】様々なものが加工（破壊）されるさま。ステキなのか？

ステキですよ……（震え声）。

これ、わかる！　ジーパンはもれなくダメージ加工されますよね。

そうなんですよ！　昔、奴らに加工されたジーンズをはいてグアムに行ったことがあって、現地のお兄さんに「オネーチャン、ダメダヨ、ソンナ服着テチャ～。モット働イテ、イイ服、買ワナキャ～」って言われた（笑）。

ぬ
♪～
ブ～テ～は
この よ～で
いちバン♪

ぬ

抜けたヒゲ
頭にさしても
歩いてく

いくえみ

【解説】ひげのリサイクル。

立派なヒゲが落ちてたから、もったいないなーと思ってさしてみたんですけど、そのまま歩いてくから「あ、いいんだ」って(笑)。

私もさしたことがありますよ。なぜさすかって？　頭にさすとホラ、今ふうのアニメキャラみたいになるでしょ！

る

る

るすばんは
任せて下さい
ニャルソック

【解説】エアコンの上にまで乗る警備員たち。

結構上のほうまで行きますよね、みんな。

うちはエアコンまでは行かないけど、ロンが痩せてた頃、開いてるドアの上には乗ってたな～。コピー機を経由して飛び乗ってました。

実家の猫は、天井から吊された電気の傘の上に乗ってることもあります。傘の上に乗るってことは、どこも経由せずに一発で乗るってことなんですよ。それを見越してか、実家の電気は頑丈な「鎖」で吊されてます。

を
＠もっと食べたい時
＠気に入らないごはんの時
これを……
きなこに…？
きなこなのに
これを……!?

を

おかわりを
その瞳《め》で要求
やめてよね

いくえみ

【解説】ごはんに対する抗議の瞳。

足りないときもそうですが、気に入らないごはんのときの、きなこの表情がすごいんですよ。「えぇっ？　これを…食べろ…と？」と、文字通り二度見します（笑）。

私も、おいしそうに見えて買ったごはんが、うちの連中には見向きもされなかったので、よく来る近所の猫にあげてみたら「お前んトコの猫が食わんものをオレが食うと思うか？」って顔をされました。高かったのに……。

そう、高級かどうかは関係ないんですよね。好みじゃないときは、まったくダメなんです。

わ

割れた皿
限りなくクロに
近い白い男

くるねこ

【解説】狼藉の犯人はだいたいわかる。

夜、寝てるとき「カシャーン」って乾いたいい音がしたんですよ。それで朝、玄関でお皿の残骸に気付いて「あれ――っ!?」って叫んだとき、逃げたやつが犯人(笑)。

うちも、私が二階から下りてきたら、一階にあった植木鉢の観葉植物の枝がボッキリ折れていて。思わず「あれっ!?」って言ったら、コカブが腰を低く落としてぴゃ～～っと逃げていきました。

悪いことをしたってわかっているから、既にびくびくしてるんですよね、本人は。

か
いちばんだも~
一番にきまってるワ
イッチバ~ン♪
いちばんコチャ~?
いち…バン?

か

「かわいい」を何度言っても足りないね

いくえみ

【解説】愛を等しく注ぐのは大変。

等しく可愛がってるつもりなんですけどね。でも「最近この子に冷たかったな」って反省したら、二人だけの時間を作って「お前が一番だよ」って言います。

それ、やります。マン・ツー・ニャンの時間を作るんですよね。

そう。で、それを全員にやる（笑）。

よ

よ

横じまが
ハイ、縦じまに
なるのね

くるねこ

【解説】単純かつ高等なマジック。

ただそんだけのことです(笑)。

あはははは。このネタ、今、知らない人いっぱいいますよね？

若い人には難しいかな～！

た
くーだ
さーーい
なっ♪

ダイエット
ふーん、何それ
おいしいの？

いくえみ

【解説】食事制限にめげない様子。

私は自分自身の生活時間がめちゃくちゃなので、猫のごはんの時間もずれがち。そうすると、つい、ねだられたときにあげてしまって……。猫のダイエットは、どちらかというと自分との闘いです。

うちは闘いに勝ちました(笑)。猫たちも、もう、何を言ったって聞いてくれないってわかってるから。あっ、でも、うちは人間は痩せませんよ！人間はどんどん大きくなります。

れ
ばかッ
がーーッ

れ

冷蔵庫
コツをつかめば
開け放題

くるねこ

【解説】器用な猫は何でも開ける。

昔、造りのシンプルな冷蔵庫を使っていたとき、胡ぼんは三方向からドアを開けてましたね。台所に入って「なんかヒンヤリしてるな……」と思ったら全部開いてるの。

すごいですよね。くるさんのブログでそのネタを読んだとき、大爆笑して思わずコメント欄に書き込んでしまった(笑)。

チャイルドロックという道具を知る前は、ガムテープを貼って防いでました。でもそうすると、酔っぱらってるときに自分が開けられないのよ～！

そ
ハハハハハ
早い者勝ちだよ〜ん
おひざ
キーーーッ

そ

その場所を取り合い繰り出すねこパンチ

いくえみ

【解説】飼い主のひざの所有権をめぐる仁義なき戦い。

きなことロンのケンカは、まさに「女の戦い」なんですよ。男の子のケンカとは違って、女の子は「キーッ」「何よー」という感じになります。

なるなる。女の子はヒステリックですよね（笑）。

そう。本気とはちょっと違うんですけどね。きなこは、ロンが先に乗っていても後から「はいはい、おひざはきなこの場所ですね」とでも言うように乗ってきます。でも二人いっぺんには乗せられないからなぁ……。

つ
ばりッ
ばりッ
びりッ
あー
やめてー

つ

つめとぎを なぜそこで するのかな

くるねこ

【解説】よりによってそこで……という場所で爪とぎは行われる。

うちの場合は、設計士さんがこだわって杉を使った仕事場の戸を、猫たちがガリガリガリっと角を落としてくれました……。理由はたぶん「早く仕事を終わらせて、ごはんくれ！」ってこと。顔はこちらを見てますから。

「今から悪いことしちゃうよ？」という顔をしながらやるんですよね。爪とぎではないけれど、仕事中に無視していると、私の顔を見ながら、ごみ箱をゆっくりと倒します。

抗議なんでしょうね。一年後、点検に来た設計士さんが戸を見て「角が丸い（涙）」って崩れ落ちてました。「かんなで削ろうか？」と言ってくれたんですが、平らになったらまた爪とぎされてしまうので、そのままです。

ね
ネチネチネチネチ
ネチネチネチネチ
ネチネチまったく
ふんとにもう
ネチネチネチ

ね

ネチネチと
しゃぶるよ何でも
ねこだもの

いくえみ

【解説】ひも、人の髪など、細長いものをしっとりさせる技。

うちではブンが一番、おもちゃをネチネチします。おもちゃが濡れていることで私が驚くことはないんですが、他の猫が「ウェッ!!」って顔をします。

「びちゃびちゃやん！」みたいな？

そう。ネチネチするポーズが可愛いのでそのまま放っておくんですが、なんでこの格好でやるんだろう？

な
自宅警備
ベビーシッターサービス
ヘアサロン
運搬

何でもできます猫間商事

くるねこ

【解説】彼らの行いはすべて「業務」。そう思うことにしよう。

以前住んでた家で、エアコンが急にきかなくなったんです。業者の人いわく、ホースに何かが詰まってると。それで、空気でバシュッと無理矢理抜いてもらったら、一匹じゃないよね、という量の虫の…バラバラの……。

ひえ――。

もんさんとポっちゃんがいた部屋なんだけど、彼女たちが、とある虫を（何とは言わないが）エアコンに追い詰めていたんじゃないかと思います。あのときは確かに自宅警備してましたね（笑）。

ら

ら

ラブラブ寝
またの名前を
ぎうぎう寝

いくえみ

【解説】狭い場所にみっちり詰まって寝る様子。

勾玉みたいになって寝ている姿が可愛いんですよ。でも、なんで６キロもある人たちがわざわざカゴに入ってるのかな？　とも思います。

本人たち、つらくならないんですかね？

最終的にはケンカになります（笑）。

む
日なたぼっこしてたい
今すぐ
ナーゥ

む

無理難題 おまえは何だ 王様か？

くるねこ

【解説】不機嫌になられても、天気のことだけはどうしようもない。

うちの子たちは、雨が降れば「あれはよくない」「どうにかしろ」って態度だし、雪なんて降ろうもんなら大変ですよ。

さすがにうちは北海道だから、雪で不機嫌になることはないけれど、毎年、雪が降ると「何これ!?」みたいな目で見てますね。毎年見てるのに。

猫って、何でもやってもらっているから、私に言えば何でもできると思ってるんですよ（笑）。ということはつまり、逆に言うと都合が悪いことは全部私のせいになる。でも、天気のことだけは言われてもなぁ～！

う
キャ
スカ

う

動きがヘン　だけどとっても　楽しそう

いくえみ

【解説】猫の運動能力も千差万別。

普通、おもちゃを取ろうとジャンプするときは、まっすぐ最短距離で手を伸ばすでしょ？　それがコカブの場合は、バンザイをするように左右に大きくゆっくり手をひろげて、スカッと空振りするんです。

茶とらの猫は、アホちんというか、おっとりしている子が多いですよね。

単純なんですよ。他の子だと見向きもしない遊びにも「わーおもしろーい！」って食いついてくるし(笑)。でもそこが大好きで「もう、おばかちゃんだね～」って可愛がっちゃいます。

ゐ
にゃーー
しゃー
ボク行くとこないのー
あ゛ーー
どしよーー
家には1回いるし
あ゛〜〜
なんて思ってたのに
このありさま
あれふえてない？

ゐ

一匹飼い
二匹にするのは
ハードル高し
そこから先は
なしくずし

くるねこ

【解説】多頭飼いへの道。

一匹と二匹は全然違うんだけど、二匹になるともう、三匹でも一緒なんですよね。一匹しか飼ってなかったときは「今飼っている子とうまくいかなかったらどうしよう」とかさんざん考えたんだけど、いつの間にか……。

私も最初に拾った「キヨちゃんだけ」とずっと思ってた。キヨちゃんが16歳のときにチョビという子を拾うんですが、そのときはすごく色々悩みました。でも、二匹になったらあっという間に増えました（笑）。

の
息できない
首しまる
シヌシヌ
なんで息できない
気道をふさいで考えごと。

乗られてた
息苦しさで
目が覚める

いくえみ

【解説】就寝中に危機が迫っている様子。

一時期、きなこが私の首の上で寝るブームがあって。彼女の小さくて細い手がピンポイントで気道を押さえてくるんです。夢の中では「苦しい、息ができない！」と走り回って鏡を見るけど何もない、という状態。

私は首に乗られたことはないかなぁ。くっさーい！　と思ったら阿仁ィの口が目の前にあった、ということはあるけれど。あっ、夫の顔の上に乗ってることはある。でも面白いから放っておきます。

私も顔に乗られてたことはあるんですよ。でも顔はいいけど首はやめて欲しい(笑)。最近はブームが去ったみたいなので、ホッと胸を撫で下ろしています。

お
じー
じー
じー
WC
じー

おはようから おやすみまで 暮らしを見守る ライオンもどき

くるねこ

【解説】何を考えているのか、とにかくじっと見ている。

猫ってもしかすると、見ているだけで楽しいのかもしれない。うちはトメちゃんがそうかな。ずーっと黙って見てるだけ。

女の子は、じっと見てますよね。私も「あ、きなこが見てる」と思っても、仕事中だとそのまま忘れて一時間くらい経っちゃう。で、はっと気付くときなこがまだ見てる(笑)！　しかもちょっと近付いてたりするんですよ。

あはは。男の子は手も足も出るけど、女の子はじろーっと見てますね。まあ、トメちゃんが動くと、いらんことが起きるからそれでいいんですが。

く

く

空中のキャッチはおまかせ大得意

【解説】猫の運動能力は、本気を出すとスゴイ。

ヒゲちゃんはコカブと違って「これぞ猫！」と思わせるジャンプをします。この絵では枠に入りきらないので低めの位置に描いてますが、体感的には、もっと枠からはみ出るぐらい高く素早く飛んで、しかも一発で取ります。

この絵からすると、ヒゲちゃんって意外とスリムなんですね。最初に写真を見たときは、もっと……ご立派な方かと思ってました（笑）。

あっ、これはマンガ的にかっこよく描きすぎたかもしれない（笑）。

や
やほー
どどどど
どどど

やる気
まんまん
なぜ今よ

くるねこ

【解説】夜中の大フィーバー。

深夜二時頃「俺たちの時間キタ――!!」って盛り上がる子たちがいます。暗いところに住んでいたからとか、もとからそういう性質とか色々理由はあるんだろうけど、寝ながら「なんで今なのかな……」と思ったりします。

うちも、横に長い家なんですが、夜になると廊下を端から端までダダダダッと走って階段を下りて、また端から端までダダダダッと走って階段を上って、追いかけっこしてますね。敷いてる布なんかぐちゃぐちゃになる。

布は巻き込みますよね！　昔、ただいま、ってドアを開けたら、足ふきごと猫が飛んできたことがある。

ま
オレはやるぜ!

ま

マタタビは ほどほどに

いくえみ

【解説】ほどほどにしないと色々大変。

ブンを描きましたが、今はヒゲちゃんが一番すごいかな。一度あげたら、またもらえると思ったのか、しばらく私を見るたび鳴き方が違うんですよ。ごくたまにしかあげないのに。

うちは今、マタタビをあんまり好きな子はいないかなぁ。好みは猫それぞれですからね。あと、ダラダラ垂れるよだれを掃除するのが大変だからあげない。

よだれダラダラになりますよね。さらに、マタタビを入れた器に身体までこすりつけて、ガランガラン音を立てますから、大変です。

け

け

毛の色は
いろいろ
あります
親は白でも

くるねこ

【解説】親の持っている遺伝子情報で様々な柄が出る。

ここでは説明できないんですが、白い猫からも遺伝子によって色々生まれるそうです。自分の家で仔猫が生まれてしまったことはないんだけど、実家では一度ありますね。それこそみんな違う色で生まれました。

それは、父親がどの猫だってわかってたの？

わからなかった……。でも、どんな色柄かわかったのは三日後ぐらいかな。生まれたばかりは、白と黒の差ぐらいしかわからないです。まあ、生まれたては、ウン○みたいですよ。動くウン○！

ふ
え〜と…
ハゲてても
ステキかな〜
…なんてな♡
……

ブラッシング調子に乗りすぎハゲつくる

いくえみ

【解説】つい、やりすぎて背中にうっすら地肌が見えるさま。

ブンが一時期、私の顔を見るたび、ブラッシングをやってやってとせがんできたんですよ。私のほうも、たくさん毛が取れるもんだから楽しくて、つい！

ブンてんが一番たくさん取れそうですよね。

そうなんですよ。「肩甲骨のあたりも気持ちいいかな？」と思ってやってたら、母親に「あんたコレどうすんの、ハゲたしょやー！」って怒られた（笑）。でも無理矢理やったわけではなく……。嫌がられたらやめますから。

て
ひゅ〜
ほぅ…

こ

これは夢？
それとも魔法？
ステキボックス

くるねこ

【解説】エアコンが好きな猫もいる。

一般的に猫はエアコンが嫌いと言われるけど、うちは結構好き。人間同様、夏は「涼し～い♥」ってなるよ（笑）。冬はストーブを好むけど、夜はエアコンやホットカーペットをつけると「あ～ったけぇ～、何これ～」ってなる。

うちのブンは、暑くなると自動的に壺に入ってますね（P.105参照）。毎年7月になって、室温が25度を超えるといつの間にか入ってるから、「あ、夏が来たな」と思います（笑）。お盆過ぎになると「もういいわ」って出る。

あの小さな壺に入るってすごいですよね。そして季節の変わり目をちゃんとわかってるんですね～！

え
ドラタタ
ドラタタ
ドラタタタ

え

エリザベス・カラーのままで走り出す

いくえみ

【解説】傷口を舐めないための道具のはずが、凶器に変貌。

ロンが子供の頃、手を怪我して腫らしていたので保護したんですけど、エリザベスカラーをつけたまま、首を振って走ってたんですよね。途中で何かにバーンとぶつかったりして、他の子に怖がられてました。

走るのは驚き！　うちで預かったトムは少し性格がきつくて暴れん坊なんですが、飼い主さんが「この魔法のエリザベスカラーをつけると固まるんですよ」と、どこも悪くないのにエリザベスカラーをつけて連れてきたの。

ロンは結構長い間つけてたから慣れちゃったのかも。そのうち、幅もわかってきたのか、ぶつからなくなりました。

て

て

手が足りない
でも猫の手は
ノーサンキュー

くるねこ

【解説】猫の手が役に立ったためしはない。

基本的に、邪魔しかしない。床掃除もよく邪魔するし……。

でも、モップは怖がらない？

雑巾を取り付けるタイプのモップを使ってるんですが、これは誰も怖がらない。「オレが見たるから、ソレやめなさい」って態度。君たちの毛やゲ○を掃除してるというのに！

あ
いい…
すごく…
グ…
パ…
グ…
パ…
自分で与えたので文句も言えません…
ね？

あ

ああ無情 カシミアの服 穴だらけ

いくえみ

【解説】いい服はかじられる運命にある。

母の服だけでなく、姉のカーディガンもブンに穴だらけにされました。服に乗ったまま、むぎぃ～っと咬んで引っ張るんですよ。でも、気持ちよさそうだったから、取り上げるのは可哀想かなと思っているうちに……。

猫は高い服好きですよね。うちの連中も、営業でお客さんが来たりすると、いい服の人に寄っていきますから。

肌触りがいいからね（笑）。

さ
さ、ここでごしごししなさい
もうじゅうぶんしたじゃん

さっきから
さんざんゴシゴシ
したやないか

くるねこ

【解説】猫たちのブラッシング要求は、とどまるところを知らない。

うちの連中は基本、ルーチンがあって、毎日決まった時間に決まったことをするのが好き。胡てつは、毎朝、広げた新聞の上でゴシゴシしなくてはいけない。

で、新聞は読めない、と。

読めない(笑)。トム氏は、私が仕事を始める前に、パソコンの前にドデーンと横になっていて「さあやりなさい」。ブラシの素材もそれぞれ決まっていて、お気に入りのブラシでやらないと「は？」って二度見されます。

ドドドドドド
き
ビタッ
ドッ

き

キャットタワー
飛びつく姿は
まるで虫

いくえみ

【解説】猫が本気を出したらやっぱりすごい。

丁度、ロンちゃんが怪我から回復した頃かな。ダッシュして飛びついたと思ったら、ビタッと微動だにせず止まったんです。「えっ、虫!?」みたいな。仔猫で体重が軽いからできるんだと思ってたけど、今もやってます。

すごいな、できない子はできないですもんね。

本当に虫が止まるように、全然ブレないんです。しかも、ロンのジャンプは、空中でひねりが入るんですよ。それも、見たこともないひねり方なんです！

ゆ
べっしゃ
べっしゃ
べっしゃ

ゆ

湯けむりの向こうから謎の足音

くるねこ

【解説】お風呂好きな猫もたくさんいる。

独身の頃住んでた家では、お風呂に入ってると、猫が戸を開けたんですよ。一人暮らしなのに突然ガラッと開く音がしたら、気分は『クリミナル・マインド』(アメリカのテレビドラマ)なのよ。「もう死ぬ！」みたいな。

うちもブンはお風呂に来ますけど、準備万端で、私が入ると同時に入ってきます。私が湯船に浸かっている間はフタの上に乗ってますし、シャワーを使い始めたら出ていくので、ブンは全然濡れないですね。

胡ぼんは湯船に入りました……。まさかと思ったら、フタの上からおもむろに湯船に降りてきて、お湯に浸かって揺れてました。後から嫌いなドライヤーをかけられるとわかったから、今はしっぽしか浸けませんが(笑)。

め
なんでもない
ぼっこ（棒）ひとつで
猫など思いのままサ。
あふ〜ん
あっふ〜ん
スカートなら
なおよろし。
んー？
または
「猫使われ」
ゴハン
まぜろや
早く

め

メロメロにさせるよ私は猫使い

いくえみ

【解説】遊ぶのが上手な人と、そうでない人がいる。

母親は下手だし、夫は滅多に家にいないし、家族の中で遊べるのは私しかいないんですよ。棒の両側にひもがついてるおもちゃでは、一本で同時に二匹と遊べますよ。玉のほうはきなこ、羽のほうはロン。

うちの夫はそれをやって、肘が痛くなって病院で診てもらったら「テニス肘」だって（笑）。テニスしてないのに！　「じゃあ何をしたんですか？」って聞かれて答えられなかったらしい。

かえって私は、四十肩だったんですけど、ロンにボールを投げて遊んでたら、治ってしまいました。動かしたほうがよかったみたいで（笑）。

み
こちょこちょ
こちょ
こちょ
こちょこちょ

みみみみ
ハナハナ
あごあごあご

【解説】仔猫の気持ちいいポイント。

このポイントで喜ぶのは仔猫だけですね。仔猫は酸欠になるくらい喜ぶんですけど、大人になると「何してんの？」って顔でこちらを見ますから。

鼻は、汚れがついてるときには触って取りますけど、私は猫の口のまわりのほうが触りますね。ちなみに、なぜかうちでは猫の口のまわりを「ほちょほちょ」と呼んでます。うちっていうか、私だけ（笑）。

そのへんも触りたくなりますね。では今度から「ほちょほちょ」をほちょほちょします。

し
だっこする…？
ホロ…
アソブ…？
ねるっ.

し

仕事中
手元に集まる
毛むくじゃら

いくえみ

【解説】漫画家の悩みの種。

ブンとロンは、トレース台に乗ってきます。B4のトレース台に二匹乗ったら、猫だけでいっぱいですから、そのときは何もできませんね。

うちもトレース台をつけっぱなしにして放っておくと、いつの間にか乗っていて、下からライト浴びてステキになってます。下からだから、ちょっと怖いんだけど。

乗ってきたら、よっぽど忙しくないときはしばらく付き合いますね。昔、カブが乗ってたときに「あぁ～ん、仕事できな～い」って言ったらアシスタントさんに「どければいいじゃないですか」ってズバっと言われました。

る

る

えびぞり足固めヘッドロック

くるねこ

【解説】人が寝ているそばに集合し、まわりを固めるさま。

こうなると寝返りは打てませんよね。でも私、歯の矯正をしてから重心が変わったのか「バンザイ寝」になったんですよ。昔は横を向かないと眠れなかったのに。だから寝返り打てなくても平気。どんと来いって感じです。

私も同じく「バンザイ寝」！　肩が凝ってるせいかなあ。でも、寝相占いを見たらバンザイ寝は「王様」って書いてあったよ。

王様（笑）！　まあ、私が寝ていると猫が寄ってくるのは、横になってるのが珍しいからだと思います。私は昼寝もしないし具合も悪くならないから「おばさんが寝た！　最高だ！」と、ルンルンでやってきますから。

ひ
ホクロ
（セクシー）
あごヒゲ
（えらそう）
ハナ黒
（変…）
おかっぱ
（変…）

ひ

ひげのよう
げに楽しきは
猫の柄《がら》

いくえみ

【解説】なぜそうなるのか、不思議な柄が存在する。

ヒゲちゃんはあごだけ真っ黒なんですよね。白いところも、少しアイボリーなんですよ。ブンは白いところはまさに真っ白なんですが。

ブンてんは本当に、ヘンと可愛いの間を行ったり来たりしてますよね。あっ、褒め言葉ですよ!?　最高の褒め言葉！

あはは（笑）。実際、ペットショップで初めてブンの顔を見たとき「なんかヘンな顔だなぁ」と思って、目が離せなくなりましたから。

も
おとーさん会社におくれるよ
ワンモアプリーズ
スマホ
くはー

も

もう一度さっきのやってくださいな

くるねこ

【解説】シャッターチャンスはほんの一瞬。

最近、携帯をiPhoneにしたんですが、カメラが結構使えますね。写真も本当に綺麗で、阿仁ィも真実を写す一眼レフだと汚いけど、iPhoneだと綺麗(笑)。でも「今のもう一回やって！」と思うことはしょっちゅうです。

そんな可愛いことするんなら、どうして先に教えておいてくれないの!?と思いますよね(笑)。

確かに！　どちらにしても、一眼レフやズームのカメラだと、猫にとっては相当大げさな装置ですから、気配を察知されてしまいますね。

せ
この下には綿棒が50本ほど
この下にもいろいろな楽しいものが
常時隠れているのです。

せ

せまい場所 探せば出てくる 謎のお宝

いくえみ

【解説】家の中にはお宝埋蔵ポイントがたくさんある。

一時期、ブンは綿棒が大好きで、耳掃除してあげようと取り出すと、パシッと叩き落として遊んでました。案の定、その綿棒は家具の下へ……。どんどんなくなってしまうので、ブンのために綿棒を買いにいってました。

うちは引っ越しのとき、冷蔵庫の下からふわふわボールが17個出てきました。自分では、しょっちゅう掻き出してたつもりなんだけど。あとは、くつの中にビニール袋の丸めたのが、そっと詰めてあったりしますね。

おもちゃが減ってきたな～と思ったら、入ってそうな場所が絶対わかります。ただ、綿棒のブームはとっくに去ってます。ある日たいして面白くないことに気付いたんでしょうね、「ただの棒じゃん」て(笑)。

す
ずどん
すまん
すまんかった
ばふッ

すまん寝

ごめん寝

ゆるして寝

くるねこ

【解説】土下座をしているかのような寝相。

この寝方は、みんながやるわけではないんですが、ブンてんはやりませんか？　やりそうな顔をしているんですけど……。

やらないですねぇ。あ、もしかして、鼻が低いから？

マイルドに言ったつもりだったのに（笑）！　そう、鼻ペチャの子がやるんですよ。うちの鼻ペチャもやるし、そういう特徴の子がやるのかなと思って。

ん

ん

んまんまんまい！

いくえみ

【解説】ごはんをかみしめる幸せな瞬間。

何も考えてませんね（笑）。

よく飽きないな、と思いません？　毎日毎日五時が近づいてくると、そわそわそわそわし始めて、いつもと同じカリカリを幸せそうに食べてて。「あんたら、よう飽きないね！」と思いながらごはんあげてます。

うん、「毎日これでいいんだね」と思います。

ん
？
きょろ
？
きょろ

ん

んん？何か感じる気のせいか

【解説】どこかであなたを猫が呼んでいる。

こういう経験がよくあります。実際「おーい」っておじさんみたいな声が聞こえて振り返ったら、猫が用事ありげに走ってきたことがある。呼んだのは本当におじさんだったのかもしれないけど。

それで、その猫はどうしたの？

走ってきたから、捕まえて鞄に入れて持って帰りました(笑)。そして、無事、里子に出せました。

あるある こぼれ話

**二人のあるあるトークはまだまだたくさん！
入りきらなかったこぼれ話を一気にご紹介！**

「いぬは歩くが ねこは歩かん」の もう一つの意味

くる　昔、近所の寝具店の外に、アビシニアン猫がリードにつながれていて。ああいう風にリードをつけて散歩したら阿仁ィも楽しいんじゃないかと思って、ハーネスを着せてリードをつけてみたんです。が、阿仁ィは、……一歩も歩かんかった。

――一歩も？

くる　一歩も。うずくまって動かなかった。後で寝具店の人に聞いたら、その猫は臆病で、つながれていることで安心して外にいられるんだそうです。リードがないと逃げちゃうんですって。家の「中に」。

――何のためのリードだか！

いくえみ　うちは散歩していましたよ。ノラあがりの子はどうしても外に出たがって仕方がないので、父がまだ生きてた頃は、父がチョビ、私はカブを担当して、リードをつけて一日に何度も行ってました。うちのはどんどん歩いて、狭～いところに入っていこうとしていました。そこは私、入れないよ！　という場所にまで……。

「これは魔法?」ブンてんが夏になると入る壺とは?

いくえみ　あの壺は親が買ってきたもので、別に高いものじゃないと思いますよ。いつからうちにあるのか知らないけど。

くる　何十年後かに調べたら、すごい値がついてて「えーっ！長年、猫が入ってた壺だよ!?」なんて驚いたりして。

いくえみ　そこまでのものではないと思うけど「この壺、中は宇宙につながってるんじゃない?」と言われたことはあります。

血統書に刻まれた本当の名前は?

いくえみ　ちなみに、ブンてんの血統書に記された名前を見たら「ベン」って書いてありました……。

――犬の名前なら聞きますね。

くる　(笑)。でも言われてみると、ベンって感じがしなくもない!

いくえみ　兄妹のメス猫には、プリンセス何とかっていう、とても可愛い名前が書いてあったのに……。

いくえみ綾 × くるねこ大和

ねこばか対談

**今やメールを送り合う仲だというお二人ですが、
直接会うのは実は今回が初めて！
猫の話はもちろん、漫画の話、
お酒の話などなど、いざ、爆笑トークへ Let's GO!**

漫画スタイルの違い

――まずは、直接会ったお互いの印象はいかがでしょうか？

いくえみ　くるさん、漫画の自画像より全然可愛らしいですね。

くる　本当ですか？　わーい（笑）。でも、いくえみさんこそお若くて、びっくりしました。私が高校生のときには既に第一線で活躍されていたわけですから、それなりに年は離れているはずなのに、とてもそう見えません。さらに、私の短大時代の友達にそっくりで、それもびっくりです。

――初めてお互いの漫画を知ったのはいつのことですか？

くる　私はそれこそ高校時代に。

いくえみ　私は『くるねこ』（KADOKAWA／エンターブレイン）のコミックスが2巻くらいまで出たときに買って、今までに読んだことのないタイプの猫漫画に出会ったと思いました。なんだかコマがたくさん並んでいるし……。

くる　お得感です（笑）。

いくえみ　テンポも独特ですし、初めて読む感覚でした。本格的にハマったのはトラ松のエピソード（『くるねこ』7巻収録）からですが。あの「オレにメシくれるババァ」の歌で泣いてしまって。

くる　私、あのエピソードがいいと言って頂ける理由が、実は自分ではよくわからないんですよ。

いくえみ　あれはいい話でした！　翌朝起きてすぐ、もう一度読み返しましたから。

――いくえみ先生ご自身も、フィール・ヤング（祥伝社）で『そろえてちょうだい？』という猫漫画の連載をされていますが、確かにタイプが違いますね。

いくえみ　あの連載を始める前までは、自分の漫画の四分の一スペースに、頼まれもしないのに勝手に猫の漫画を描いたりしていたんです。それが、ブンを飼い始めたばかりのときに連載のお話を頂いたので、

©くるねこ大和／KADOKAWA エンターブレイン

元・野良猫が心を開く姿が泣ける、トラ松の話（KADOKAWA／エンターブレイン刊『くるねこ』7巻より）

©いくえみ綾／祥伝社フィールコミックス

これぞいくえみ流愛情MAXスタイル！（祥伝社刊『そろえてちょうだい？』3巻より）

「やるやる〜！」と喜び勇んで始めたために、愛情がだだもれに（笑）。もっとスタイルとか色々考えてから始めればよかった。

くる　だだもれなのがいいんですよ。他の人が、「たったそれだけのこと」と思いそうなことでも面白く描けるんですから。それにやっぱり上手いなあと思います。この「ん」のお皿なんか……。

――お皿ですか!?

くる　いや、フリーハンドでこんなに正確に描けたら、私もどれだけ仕事が早くできるだろうと思って。もちろん、猫も上手です。大先輩に対して「上手」なんて言い方は失礼だと思うのですが、足が斜めになってちょろっと肉球が見えるとか（「く」の札を見ながら）とてもリアルで、それでいてやりすぎない感じがすごくいいんです。

いくえみ　ありがとうございます。くるさんの猫は、やわらかそうだな、って思います。触ったときの感触が伝わってきます。

くる　伝わったら嬉しいです。

――猫のパーツで、ここを描くのが楽しい、という部分はありますか？　あるいはこんなポーズが好き、とか。

くる　私は、後ろ姿の肩甲骨と真ん中のしわ。あと、しっぽがきゅっとなっているところのしわ。「ここまで描いているのは私だけじゃん？」と誇らしくなるから楽しいんです。

いくえみ　確かに、初めてくるさんの描く、猫の後ろ姿を見たときは「ああ、こうなってるよね」と思いました。

くる　「人間の肩甲骨と、おしりのくぼみには線があるんだよ」と、短大のデッサンの先生が教えてくれたのを思い出して「藤田先生、デッサンは

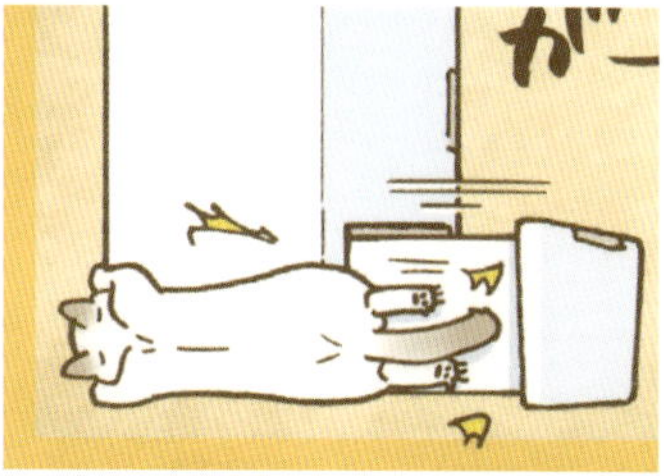

肩甲骨とお尻にくぼみが！

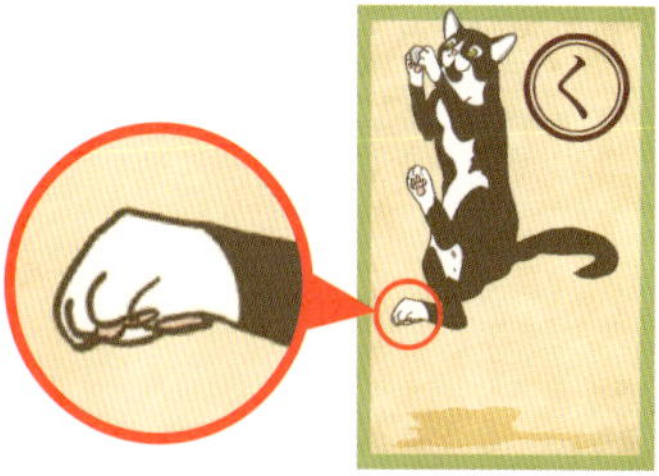

「く」の絵札の足もと。少しだけ見える肉球！

だめだったけど、今、ちゃんとやってますよ」って心の中でお礼を言いながら描いています。教わったのは人間の話ですが。

いくえみ　私は、好きだけど描けないのが、猫の斜め後ろから見たときの、顔の丸いライン。私の線の崩し方だと、なかなか描けないんですよ。耳の後ろの部分がちゃんと描けると嬉しいですね。あとは、何かを狙って耳をキュッと前に集中させたときの後ろ頭が好きです。ブンがそういうポーズを取っていると、「ここが可愛い！」と言って撫でまくります。

くる　せっかく何か狙ってるのに台無しじゃないですか（笑）。

いくえみ　そう。でも、見ていると可愛くて堪らなくなってしまって。

二人に共通する、お酒の〇〇〇な飲み方

——ところで、お二人はどんなメールを送り合っていらっしゃるのですか？

くる　猫の写メが届きます（笑）。先日もフォルダを整理していて「この子、うちにいたかなあ？　誰だっけ？」と思ったら、きなこさんでした。

フォトジェニックなきなこさん

いくえみ　きなこは写真写りがいいんですよ。

――ということは、特に用事はない……？

いくえみ　うーん、私、たぶん酔っぱらうとメールしたくなる人なんですよ。

くる　そのときも確か「原稿が終わったんでお酒飲んでま～す」みたいな感じでした。でも、大先輩からメールが突然来ると、どう返信したものか、焦るんですよ。何か気の利いたことを言わないといけないと思うし、かといって、あまり返信が遅くても失礼でしょう？

いくえみ　（笑）。そういえば、きなこが小さく写っている写真を送ったら「手乗りですか!?」っていう返事が来たことがあったよね。

くる　たまたま、いくえみさんの手の上に乗ってるように見えたんですよ。それですぐピッと返信しました。

――そういえば、お二人ともお酒が好きですが、飲みながら猫と戯れることはありますか？

いくえみ　それはしないですね。酔っているときは猫たちが近寄ってきませんから。

くる　そうですね。たぶんその辺にいることはいるんでしょうけど、飲みすぎて大虎になったら大変だと思ってるんじゃないですか？

いくえみ　くるさん、お酒飲むときに本を読んでるでしょう？　私は飲むと頭がぽわ～んとしてしまうので読めないんです。本当に強いんですね。

くる　独身時代が長すぎたせいか、一人で楽しむことに長けてしまったのかもしれません。今は、飲みながら、どこに出しても恥ずかしいオタクの夫と一緒にアニメを見ています。いいですよ、アニメ。沁《し》みますよ（笑）。

――どんなアニメを見ていらっしゃいますか？

くる　『蟲師《むしし》』とか。

いくえみ　『蟲師』は私も仕事場でかけてます！

くる　私はずっと文字ばかり読んできてしまって、アニメ映像はジブリ以来ほとんど見ていなかったので、最近のアニメを見ると「すごいな、来てるな、未来」って思います。

――ということは、記憶をなくすまで飲むような飲み方ではないのですね。

くる　最近はそこまで飲まないですね。

いくえみ　私もそういう飲み方はしませんが、結果的に覚えていない、ということはあります。先日も、飲んで気持ちよくなってきたので、（奥田）民生が出ていた番組の録画を見たはずなんですが、いつの間にかベッドで寝ているし、テレビは消えているし、「あれ？　見たんだっけ？」と思って、もう一度再生してみたら、見た痕跡はあるのに全然覚えてないという……。

くる　（笑）。あっ、私は、うんと酔っぱらってくると、嫌なこともできますよ。

いくえみ　嫌なことって？

くる　掃除！　成果はわかりませんが、かなり楽しい気持ちでできます。

いくえみ　そういえば私も酔って洗面所を急にきれいにすることがある！

くる　お互いすごく建設的な飲み方ですね（笑）。

何を描いてもオッケーな世界

――お酒を飲むときには離れているという猫も、

お仕事中は、よく邪魔しにきますよね。そんなときはお二人ともどうされているのでしょう？

くる　よっぽど猫に有害なインクでも使っていない限りは、基本的に好きにさせておきます。まあ、そうすると、ケーブルをかじったり、勝手に何かパソコンで検索して候補を出してくれたりしますが……。

いくえみ　私は、集中しなければいけないときは部屋から出していますが、ドアに猫用の窓がついているので、結局入ってきます。一度、ごはんを食べにいって戻ってきたら、ペンまで入った原稿がゲ○まみれになっていたことがあったな……。

パソコンで検索するのが上手な(?)ポっちゃん

くる　そう！　それが一番、あってはならないことなので、データにする前の原稿は、猫の手の届かないところにしまっています。猫は、人が一番困るところにゲ○をしますね。サッシの溝とか。畳の溝とか。板の間の溝とか。

――溝ばっかり！

くる　そう。溝っていっぱいあるな〜と思って。

――お二人とも女性なのに、猫漫画ではそういった少々尾籠《びろう》なネタも平気で描かれますね。

いくえみ　（笑）。だめな人もいるんでしょうけどね。うちは夫が「あんまり鼻くしょ（鼻くそ）とか描くんでない」って。苦手なのかもしれません。

くる　私はパッケージデザイナー時代に、それこそうるさく言われたんですよ。柿の種のようなお煎餅にチョコがコーティングされたものが、フンに見えるとか。

いくえみ　(笑)。でも茶色くてそういう形だったら全部そう見えると思う。

くる　でしょう？　そういう商品なんだから仕方ないじゃん、という。あとは、レモンの尖ったところが乳首に見えるとかね。だから葉っぱで隠してみたり、いくつも並べてみたり、涙ぐましい工夫をしてきました。でも、猫なら乳首も描き放題ですから(笑)。この世界は何を描いてもいいいんだ！　と思ってやっています。

——猫と生活していると、ウン○やゲ○に驚かされることも当たり前ですものね。逆に、猫のほうが驚くことも何かありますか？

くる　ブルーレイはすごく驚きますよ。トレイがウィーンって開くと、「えええ——!?」という顔をします。「そこ、開くのぉ——!?」って。

いくえみ　あるある！　あと、うちは私がバイオリンの練習をしていると、音に驚いて、全力で止めにきますね。バイオリンの音自体が苦手なのかなと思って、CDをかけてみたら普通に寝ていたので、やはり私が下手なんだと思います。周波数が違うのかな……。

ずっと猫が飼いたくて…

——もはや猫なしの生活は考えられないお二人ですが、お互いの漫画を見て、「〝ねこばか〟だなぁ」と思うのはどんなところですか？

くる　大先輩を「ばか」呼ばわりするのはハードルが高いです！　自分が言われる分にはいいけど、人には言えないですよ。

いくえみ　いいんですよ、言っても(笑)。

くる　せめてもうちょっと、聞こえのいい言い方はありませんか、猫偏愛者とか（笑）。

――失礼しました。それでは、ご自分のことで！

くる　そうですね、自分のことなら……。うちの子たちを見ていて「可愛いね」と連呼してるときかな。見ていると、本当に本っ当に可愛いなあという気持ちがどんどん高まってくるんです。

いくえみ　言えば言うほど高まるよね。

くる　はい。それこそ昔のようにたくさんお酒を飲んでいたら、高まりすぎてそのまま泣き出すと思う。

いくえみ　可愛すぎて？（笑）

くる　可愛すぎて（笑）。

いくえみ　私は、一人でいても普通に猫と会話しているときかなあ。

くる　私もしゃべってます。かなり複雑なことまでしゃべりますよね？

いくえみ　そう、普通にしゃべる。「ああでこうで、こうだから、こうじゃん？」とか、延々話しているので、「ああ、一人でいても全然寂しくないいな」と思います。

――そもそも、お二人の猫飼いとしての原体験は、いつごろですか？

くる　小学五年生のときです。実家に迷い猫がきて、それからはずっと飼っていますね。後からわかったんですが、その迷い猫は、本当の飼い主が入院したときに出ていって、それから帰ってこなかった猫だったそうなんです。一瞬じーんとしかけたけど、よく考えると薄情なやつですね。

いくえみ　私は子供の頃、両親が転勤族だったので「動物は飼えないよ」と言われていました。鳥は飼っていたのですが、どうしても欲しくて「脚が四本のを飼って！」と訴えていました。

くる　机じゃないんですから！

いくえみ　（笑）。それでも飼ってもらえなかったので、小学校三年生か四年生のとき、野良猫を見つけては、しゃがんだらちょっとついてくる、また少し離れてしゃがんだらついてくる、ということを繰り返して、とうとうアパートの二階の玄関の前まで呼び寄せるのに成功したんです。しめた、と思ってドアを開けて「おかーさーん！　猫飼って――」と叫んだら、猫が逃げてしまい、失敗に終わりました。そんなわけで、初めて飼ったのは高校生のときです。友達の家で仔猫が生まれたと聞いて、親に相談もせず、

在りし日のキヨちゃん

引き取りました。それが初代猫のキヨちゃんです。

――でも、漫画を拝見する限りでは、お母さまも相当猫がお好きですよね？

いくえみ　結局、好きなんですよね。「キヨちゃんはウン○ちゃんまで可愛いね～」なんて言ってましたから。

くる　ウン○に「ちゃん」をつけるくらいまで行ったら、それは上級者というか、キング・オブ・猫偏愛者ですよ（笑）。

つまるところ、猫が一番大事

――たくさんの猫を拾い、今やご自宅にそれぞれ複数の猫がいるお二人ですが、こうして遠方まで出かけるときは心配ではありませんか？

いくえみ　最近、母がときどき家の裏の戸を閉め

忘れるんですよ。ガラス戸なんですが、鍵も忘れていて、ちょっと力を加えると開いてしまう。それでブンてんが逃げたことが二回あったんです。一回目は逃げたすぐ先に雪山があって、雪の上で「な～に～?」という感じでたたずんでいたので捕まえられました。二回目は、出てすぐの壁際で小さくなっていました。

くる　それでも出ていくんですね。

いくえみ　そう。先日も、ふっと見たらブンてんが今まさにそろ～っと出ていこうと首を出していたので、脅かさないように、私もそろ～っと「ブ～ンちゃ～ん」と抱き上げて事なきを得ました。母も高齢になってきたので、私も気をつけなければいけないですね。

くる　うちはかなり安全対策はしているほうだと思いますが、それでも先日、胡て君がうっかり外に出てしまったことがありました。夫の不注意だったのですが、私が本気で切れたのを彼は初めて見たと思います。顔変わっちゃったもん、般若《はんにゃ》顔に（笑）。「この人こんなに怒ることがあるんだ……」と感じたと思います。とはいえ、大騒ぎしたら胡て君が帰ってこられないので、戸を開けっぱなしの状態にして、「ごはんよ～、ごはん食べない～?」と、普段の状況を演出していたら、帰ってきたので落ち着きました。いや、こう見えても私は大概、怒らない人なんですよ?

――それだけ猫が大事だということですね。

くる　そうですね。「私はこういうときにめっちゃ腹が立つんだな」というのが自分でわかりました。

――最後に、かねてから気になっていたのですが、猫に何かをするときのテーマソングを歌って聞かせて下さい。

くる　嫌です。
いくえみ　それは絶対に披露できないんです。
くる　しかも、その場にならないと出てこないの。
いくえみ　そう、普段は忘れてますよね。
くる　忘れてます。
——たとえばどんな歌なんですか？
くる　電子レンジの曲とかね。ごはんを温めるためにピッとボタンを押すまで忘れてる。押さないと出てこない。でも、歌うときは必ずいつも同じ歌詞で同じフレーズです。
いくえみ　替え歌もあるしオリジナルもありますよ。あ、なんか偉そうに言っちゃいましたが。
くる　コンサートツアーの話みたいになってますけど！（笑）。あとは、火を使うときに危ないからマル・胡ゆ二人を隔離するんですが、隔離するときの曲と、もう大丈夫だよって戻すときの曲。
いくえみ　私はあと……猫って、カリカリがまだあるのに、ないって言い張るけれど、混ぜると食べるじゃないですか。なので……混ぜるときの歌。あと、遊びに誘われて一階に下りていくんですが……階段を下りるときの歌。ブラッシングのときの歌は、猫によって別々です。
くる　そう、歌のときもあれば講談調のときもあります（笑）。
——講談調!?
くる　だって猫それぞれの好みがあるから。
いくえみ　そう、好みに合わせないと。
——お二人はどこまでも猫本位で尊敬します。すみません、ついつい漫画の話より猫の話ばかり聞いてしまいました。
くる　いいんじゃないですか。
いくえみ　ねこばか対談ですし（笑）。

【かるた初出】
2015年5月29日〜9月28日　デンシバーズ掲載

【カバーイラスト】いくえみ綾／くるねこ大和

【デザイン】安居大輔（Dデザイン）

【協力】三森定史

いくえみ綾&くるねこ大和の
ねこあるある

2015年12月31日　第1刷発行

著　者　いくえみ綾《りょう》／くるねこ大和《やまと》

発行人　石原正康

発行元　株式会社 幻冬舎コミックス
〒151-0051　東京都渋谷区千駄ヶ谷4-9-7
電話　03-5411-6431（編集）

発売元　株式会社 幻冬舎
〒151-0051　東京都渋谷区千駄ヶ谷4-9-7
電話　03-5411-6222（営業）振替 00120-8-767643

印刷・製本所　図書印刷株式会社

ISBN978-4-344-83594-8 C0076 Printed in Japan

幻冬舎コミックスホームページ　http://www.gentosha-comics.net